EL PRINCIPIO DE LOS

tortugas BEBÉS

MEG GREVE

CREATIVE EDUCATION • CREATIVE PAPERBACKS

CONT

ENIDO

SOY UNA CRÍA DE TORTUGA.

Soy una tortuga terrestre bebé.

Escudos duros y óseos cubren mi caparazón.

Salí del cascarón de un huevo. Usé un diente especial para salir.

Mi mamá cavó un nido para sus huevos. Pero yo no me quedaré ahí. Me cuidaré sola.

Durante el día, busco plantas para comer. Por la noche, duermo.

Me quedo
en la tierra.
Yo no nado.

Mi caparazón
no es plano como
el de una tortuga.
Es redondo.

Me escondo dentro de mi caparazón. Me mantiene a salvo.

¡Puedo vivir 100 años o más!

HABLA Y ESCUCHA

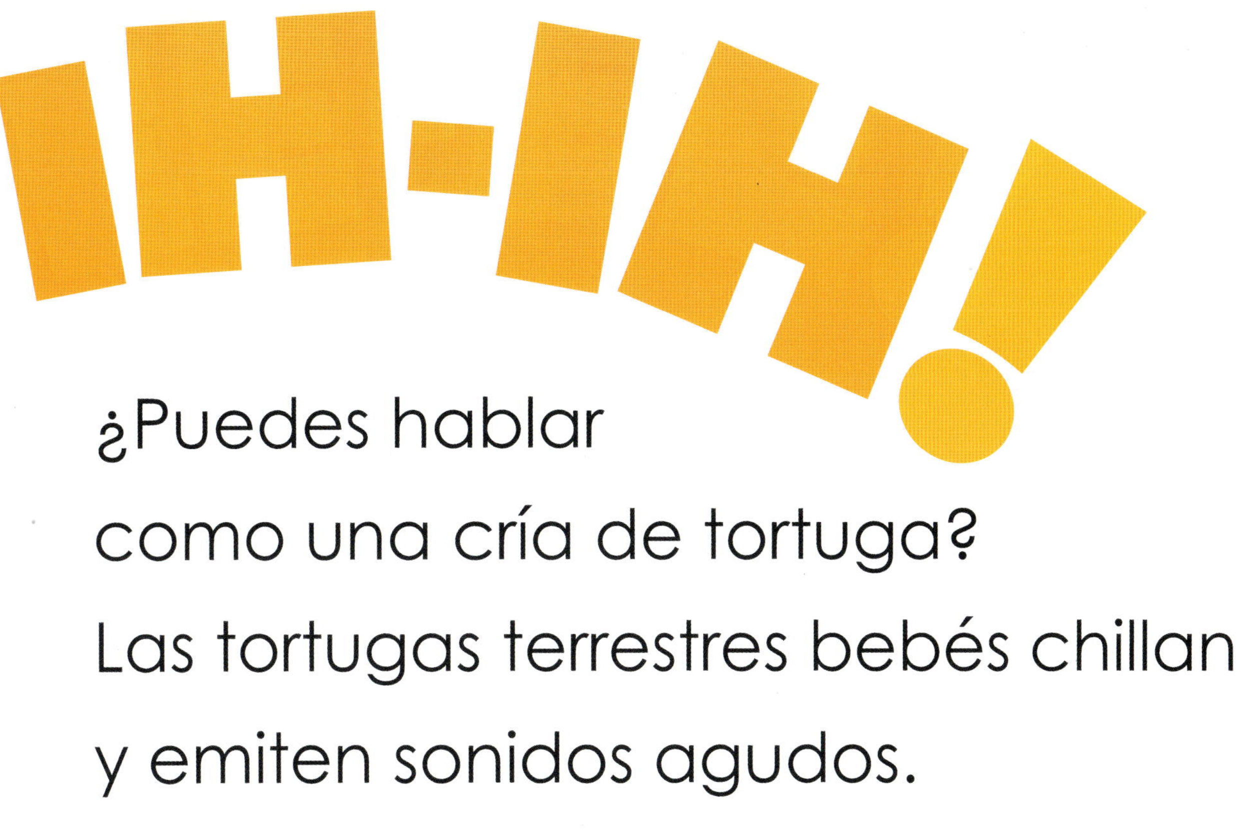

¿Puedes hablar como una cría de tortuga?

Las tortugas terrestres bebés chillan y emiten sonidos agudos.

Escucha estos sonidos:

https://www.youtube.com/watch?v=klgVo6h5fng

¡Ahora es tu turno!

PALABRAS RELACIONADAS CON LAS TORTUGAS TERRESTRES

escudos: placas o escamas duras y óseas que cubren y protegen a las tortugas terrestres

nido: un agujero excavado en la tierra por una tortuga terrestre madre para mantener a salvo sus huevos

salir del cascarón: romper el cascarón de un huevo para nacer

tortuga terrestre: reptil parecido a la tortuga que vive en la tierra

ÍNDICE ALFABÉTICO

PUBLICADO POR CREATIVE EDUCATION Y CREATIVE PAPERBACKS
P.O. Box 227, Mankato, Minnesota 56002
Creative Education y Creative Paperbacks son sellos editoriales de The Creative Company
www.thecreativecompany.us

LIBRARY OF CONGRESS CATALOGING-IN-PUBLICATION DATA
Names: Greve, Meg, author.
Title: Tortugas bebés / Meg Greve.
Other titles: Baby tortoises. Spanish
Description: Mankato, Minnesota : Creative Education and Creative Paperbacks, [2025] | Series: El principio de los | Includes index. | Audience: Ages 4-7 | Audience: Grades K-1 | Summary: "Introduce beginning readers to the hard-shelled world of baby tortoises with this life science starter, in North American Spanish. Includes photos, a labeled animal diagram, "Make a Noise" section, and glossary"-- Provided by publisher.
Identifiers: LCCN 2024019461 (print) | LCCN 2024019462 (ebook) | ISBN 9798889894896 (library binding) | ISBN 9781682777107 (paperback) | ISBN 9798889894995 (ebook)
Subjects: LCSH: Testudinidae--Juvenile literature. | Testudinidae--Infancy--Juvenile literature.
Classification: LCC QL666.C584 G7418 2025 (print) | LCC QL666.C584 (ebook) | DDC 597.92/41392--dc23/eng/20240507

DISEÑO Y PRODUCCIÓN
Diseño por Rhea Magaro
Producción de Beeline Media and Design, Inc.
Dirección artística de Tom Morgan

FOTOGRAFÍAS de Alamy Stock Photo/Jeffrey Schwartz, 10, Lindsey McDonnell, 8; Shutterstock/Bohbeh, 13, Eric Isselee, 11, 14, fivespots, 2, NPatricia, 9, seasoning_17, cover, 4, 5, 6, 7, 12

Impreso en China